Grundzüge der Relativitätstheorie

Und Die Daraus folgenden Ableitungen

Kapitel 2

Von

Maik Novy

© Copyright 2021 von Maik Novy – Alle Rechte vorbehalten

Es ist nicht zulässig, Teile dieses Dokuments elektronisch oder in gedruckter Form zu reproduzieren, duplizieren oder zu übertragen. Die Aufzeichnung dieser Publikation ist strengstens untersagt.

Grundzüge der Relativitätstheorie

und die daraus folgenden Ableitungen

Sei n die Punkte des Raumes, so ergibt sich für die lineare orthogonale Transformation die Abstandsdefinition von $s_{\mu v} = \frac{1}{2}n(n-1)$, aus der sich dann eine entsprechende Varianz der Zeit ergibt: $s_{\mu v}^2 = \left(x_{1(\mu)} - x_{1(v)}\right)^2 + \left(x_{2(\mu)} - x_{2(v)}\right)^2 + \cdots$.

Die Elimination der Varianz durch die lineare orthogonale Transformation führt dann zu $s_{\mu v}$ als messbare Größe, die eine geringe lineare orthogonale Transformation mit geringer Varianz oder die eine hohe lineare orthogonale Transformation mit geringer Varianz oder die eine geringe lineare orthogonale Transformation mit hoher Varianz oder die eine hohe lineare orthogonale Transformation mit geringer Varianz aufweist.

Dadurch ergibt sich nach der EI die jeweilige lineare orthogonale Transformation innerhalb eines kartesischen Koordinatensystems mit der Gleichung: $s^2 = \sum \Delta x_v^2$.

Diese verwenden wir dann, um hieraus eine Entsprechung für die Spezielle Relativitätstheorie zu entwickeln.

Dabei dient das folgende Beispiel nur zur Veranschaulichung, und muss nicht unbedingt der Wahrheit entsprechen:

Ist $K_{(x_v)}$ das Kopernikanische Weltbild und $K'_{(x'_v)}$ das Keplersche Weltbild, so muss nach der Speziellen Relativitätstheorie der Beweis geliefert werden, dass das eine richtig ist und das andere falsch oder, dass eine Kongruenz zwischen beiden Weltbildern besteht, so dass gilt: $\sum \Delta x_v^2 = \sum \Delta x_v'^2$.

Dabei erhalten wir dann ein neues Weltbild, welches Eigenschaften von beiden unterschiedlichen Weltbildern besitzt, so dass hierdurch von Kongruenz gesprochen werden kann.

Dabei besitzt das neue Weltbild, namentlich: „Ionisches Weltbild" oder „Keplersche-Kopernikanische Weltbild" genannt, was natürlich jedem selbst überlassen ist, folgende Eigenschaften:

1) Alle Planeten bewegen sich nach der Keplerschen Regel auf elliptische Bahnen und rechtsherum um die Sonne.

2) Alle Planeten bewegen sich rechtsherum um die eigene Achse.

3) Der Mond der Erde bewegt sich rechtsherum in eine ekliptische Bahn um die Erde, wobei der Mond seine Planetenbahn ändert.

4) Der Grund der 4 Jahreszeiten wird durch die elliptische Umlaufbahn der Planeten um die Sonne geliefert.

5) Da der Abstand im Sommer am geringsten ist, ist die Lichtausbreitung flächenmäßig am größten und im Winter am kleinsten. Dementsprechend sind entweder die Tage oder Nächte länger oder kürzer.

6) Das Sonnensystem besteht aus 5 Planeten und einem Mond und in folgender Reihenfolge: 1) Sonne im Zentrum, dann 2) der Mars, dann 3) die Erde mit ihrem Mond, dann 4) Saturn, dann 5) die Venus und 6) Jupiter.

7) Der Mond benötigt ca. 28 Tage um sich einmal vollständig um die Erde herum zu drehen.

Nun liegt es an ihnen die von mir erweiterten Eigenschaften für die Spezielle Relativitätstheorie in der Praxis zu überprüfen.

Um Gewissheit zu erlangen, bedarf es eben der Entwicklung von Methoden, die natürlich mit den richtigen Gerätschaften, um willkürliche Behauptungen zu überprüfen.

Jederzeit steht es ihnen frei, eigene alternative Methoden zu entwickeln bzw. bereits vorhandene anzuwenden, solange diese Ergebnisse erzielen, die auch mit anderen Methoden erzielt werden würden.

Natürlich ist es besser mehrere verschiedene Methoden anzuwenden, um herauszufinden, ob man zu den gleichen Resultaten kommt, um eventuell auftretende Fehler oder Abweichungen in den Theorien zu vermeiden.

Ich habe bewusst die Eigenschaften vorgegeben, damit sie ein besseres Gefühl für den Sinn und Zweck von Methoden bekommen.

Und um die Fähigkeit zur Analyse entwickeln bzw. erweitern und verbessern zu können.

Eine geringe lineare orthogonale Transformation mit geringer Varianz besitzen dieselbe Basis, in Form von $y = f(x)$.

Immer, wenn es sich hierbei um eine geringe lineare orthogonale Transformation mit geringer Varianz handelt, dann besagt dies, dass es sich um eine Rotationsbewegung handelt, die immer eine gleichförmige und konstante Geschwindigkeit ist.

Sobald es sich aber um eine hohe lineare orthogonale Transformation mit geringer Varianz handelt, dann besagt dies, dass der Mond sich in einer ekliptischen Bahn rechtsherum, um die Erde dreht.

Im Falle des Bewegungsgesetzes handelt es sich außerdem um eine beschleunigte Bewegung.

Wenn sich um eine hohe lineare orthogonale Transformation mit hoher Varianz handelt, dann besagt dies, dass alle Planeten sich auf einer elliptischen Bahn rechtsherum um die Sonne drehen.

Im Falle des Bewegungsgesetzes handelt es sich aber dieses Mal, um eine gleichförmige Bewegung mit konstanter Geschwindigkeit.

Eine geringe lineare orthogonale Transformation mit hoher Varianz gibt dagegen Auskunft, welcher Planet sich an welcher Position im Sonnensystem befindet.

In diesem Falle besagt das Bewegungsgesetz, dass es sich hierbei um eine verzögerte Bewegung handelt.

Diesbezüglich ergeben sich neue mathematische Axiom, die folgendes besagen:

1) Widerlegung der Heisenbergschen Unschärferelation:

$$y = f(x) = \begin{cases} -x, & x < \text{Kovarianz durch Addition} \\ x, & x \geq \text{Äquivalenz durch Multiplikation} \end{cases}$$

2) Bildung und Bestätigung der Heisenbergschen Unschärferelation:

$$y = f(x)^{-\epsilon} = \begin{cases} -x, & x < \text{Kovarianz durch Subtraktion} \\ x, & x \geq \text{Äquivalenz durch Division} \end{cases}$$

Hierdurch erhalten wir folgende Möglichkeiten, den freien Fall und seine Eigenschaften methodischer zu untersuchen, wobei folgende Eigenschaften untersucht werden müssen, ob diese überhaupt zutreffend sind oder nicht.

Sollte Eigenschaften davon zutreffen, dann ist abzuklären, welche Bedingungen zu dieser Eigenschaft bzw. Eigenschaften führen.

Eigenschaften des freien Falls, welche methodisch zu überprüfen sind:

1) gleichförmige Bewegung mit konstanter Geschwindigkeit – unabhängig von der Fallhöhe:

a) geringe lineare orthogonale Transformation mit geringer Varianz

b) hohe lineare orthogonale Transformation mit hoher Varianz

2) beschleunigte Bewegung mit zunehmender Geschwindigkeit – abhängig von der Fallhöhe:

a) hohe lineare orthogonale Transformation mit geringer Varianz

Des Weiteren erhalten wir zusätzlich eine Erweiterung des Ohm'schen Widerstandsgesetzes:

„Je geringer die Varianz, desto größer die Distanz, wodurch der Ohm'sche Widerstand abnimmt. Je größer die Varianz, desto geringer die Distanz, wodurch der Ohm'sche Widerstand zunimmt."

Gemäß dieser Rechenregeln lassen sich aus Tensoren (bezüglich linearer orthogonaler Transformationen) neue Gesetzmäßigkeiten zur Speziellen und Allgemeinen Relativitätstheorie ableiten, die der Einstein- und Lorentz-Interpretation entsprechen.

Vorausgesetzt, dass Mathematiker und Physiker gewillt sind, die altbekannten Regeln zu erweitern und dabei nichts von vornherein ausschließen.

Der Grund der Veränderbarkeit von Rechenregeln liegt darin, dass diesen keinem Naturgesetz folgen bzw. wurde dahingehend noch kein Bezug zur Natur gemäß den Rechenregeln zugeordnet.

Als Beispiel möchte ich hierzu die natürlichste Art des Potenzierens demonstrieren:

Aus 1 werden 2, aus 2 werden 4, aus 4 werden 8, aus 8 werden 16, aus 16 werden 32, aus 32 werden 64, aus 64 werden 128, etc.

Im Falle von „aus 1 werden 2" handelt sich um eine geringe lineare orthogonale Transformation mit hoher Varianz, im Falle von „aus 2 werden 4" ergibt sich eine geringe lineare orthogonale Transformation mit geringer Varianz, im Falle von „aus 4 werden 8" erhalten wir ebenfalls eine geringe lineare orthogonale Transformation mit geringer Varianz, was auch auf die Fälle „aus 8 werden 16", „aus 16 werden 32" und „aus 32 werden 64" zutreffen und im Falle von „aus 64 werden 128" ergibt sich eine geringe lineare orthogonale Transformation mit hoher Varianz, etc.

Dabei müssen die Symmetrieeigenschaften der Tensoren, entsprechend der Rechenregeln und die dadurch ableitbaren Gesetzmäßigkeiten, immer auf ein Neues angepasst werden. Symmetrische Tensoren besitzen dabei eine positive Polarität, wenn es sich um eine hohe lineare orthogonale Transformation mit hoher Varianz oder um eine geringe lineare orthogonale Transformation mit geringer Varianz handelt. Antisymmetrische Tensoren hingegen besitzen eine negative Polarität, was bedeutet, dass entweder eine hohe lineare orthogonale Transformation mit geringer Varianz oder eine geringe lineare orthogonale Transformation mit hoher Varianz vorliegt.

Bedingung der Symmetrie:

$$A_{\mu\nu\varrho} = A_{\nu\mu\varrho}$$

Bedingung der Antisymmetrie:

$$A_{\mu\nu\varrho} = -A_{\nu\mu\varrho}$$

Daher gilt für die Spezielle und Allgemeine Relativitätstheorie:

$$A_{\mu\nu\varrho}(-A_{\nu\mu\varrho}) \equiv A_{\mu\nu\varrho}(A_{\mu\nu\varrho})$$

Dadurch kann folgender Satz bewiesen und erweitert werden:

„Der Charakter der Symmetrie und Antisymmetrie besteht unabhängig oder abhängig von der Koordinatenwahl."

Dabei sei folgende Definition für den Tensor (lineare orthogonale Transformation) zu berücksichtigen:

„Es sei P_0 der Mittelpunkt einer Fläche und P ein beliebiger Punkt der Oberfläche. Dann soll die Strecke $\overline{P\,P_0}$ die Projektion auf einer Koordinatenachse sein."

Dabei gilt:

$$P_0(P) = \frac{P_1 + P_2 + P_3 + \cdots + P_n}{P_0}$$

Zusätzlich gilt sich zu merken:

„Die Größe eines Tensors wird durch die Größe des Vektors bestimmt."

Allgemein erhalten wir hierdurch:

$$\overleftrightarrow{P\,P_0} = \frac{\overleftrightarrow{P_1} + \overleftrightarrow{P_2} + \overleftrightarrow{P_3} + \cdots + \overleftrightarrow{P_n}}{\overleftrightarrow{P_0}}$$

Dieser Tensor – sprich: lineare orthogonale Transformation – besitzt nach den Regeln der Speziellen und Allgemeinen Relativitätstheorie die Eigenschaft einer Raum-Zeit als Gravitationsfeld, da das Gravitationspotential dadurch gegeben ist, dass es sich bei den Vektoren allgemein als beschreibendes Mittel um eine 3-dimensionale Kugelsphäre handelt, die dadurch entsteht, dass eine elektrostatische Aufladung gleichmäßig nach allen Richtungen stattfindet. Dabei gilt:

„Ein Vektor, der nur in eine Richtung zeigt, steht in der Physik für den Zustand der elektrostatischen Entladung; nach rechts eine elektrostatische Entladung der potentiellen Energie – sprich: positive Ladung -, wobei es sich um die Elektrizität handelt, die z.B. die Zentripetalkraft hervorbringt und nach links eine elektrostatische Entladung der kinetischen Energie – sprich: negative Ladung - , wobei es um den Magnetismus handelt, die z.B. Kohäsionskräfte hervorbringt. Ein Vektor, der in beide Richtungen zeigt, steht in der Physik für den Zustand der elektrostatischen Aufladung; durch die potenzielle Energie, dann handelt es sich um Adsorption, die z.B. Adhäsionskräfte hervorbringt, wenn aber durch kinetische Energie, dann handelt es sich um Absorption, die z.B. die Zentrifugalkraft hervorbringt. Außerdem sei erwähnt, dass bei einer elektrostatischen Entladung das Kraftzentrum sich außerhalb befindet, wohingegen bei einer elektrostatischen Aufladung das Kraftzentrum sich im Inneren befindet.

Hier noch ein Beispiel für den Charakter der Symmetrie und Antisymmetrie mit veränderter Rechenregel:

$$P_0(P,\xi) = \frac{P(-\xi)}{-P_0(P)} P_0 - P = \frac{-\xi}{-P_0} P_0 - P = P_0(\xi) = P_0 - P$$

bzw.

$$P_0(\xi) = -P_0(P)$$

Anmerkung:

Das Gleichheitszeichen hat nur dann eine Bedeutung, wenn das Ergebnis als Zahlenwert auf jeder Seite gleich ist bzw. gleichbleibt. Ansonsten muss das Symbol „≡" für Äquivalenz verwendet werden, was ich aber wegen der Übersichtlichkeit weggelassen habe.

Jedes Transformationsgesetz wird von seinem jeweiligen Tensor getragen, um der Thermodynamik eine Darstellbarkeit, durch die entsprechenden linear orthogonalen Transformationen, zu ermöglichen.

Das bedeutet, dass jede Art von Transformationsgesetz transitiv ist. Mit dem Verschwinden sämtlicher Komponenten eines Tensors, verschwinden diesbezüglich auch die dazugehörigen Bezugssysteme.

Mit dem Verschwinden der Bezugssysteme gäbe es auch keine Möglichkeiten mehr Inertialsysteme hervorzubringen, wodurch die Rahmenbedingungen für die nötigen Erhaltungsgrößen nicht vorhanden wären, so dass selbst ein „Schwarzes Loch" nicht mehr existieren könnte.

Denn mit dem Verschwinden der gesamten Materie gäbe es auch keine Möglichkeit für die Existenz von Bewegungen, Kräften, etc.

Dies bedingt, dass $a_{\mu\nu}$ eines Tensors von zweitem Range ist und daher eine Zwei-Zahl als Indiz besitzt.

In der Atomphysik erfüllt dieser Tensor die Bedingung für die Paarbildung.

Eine Paarbildung in der Atomphysik wird durch Kernfusionen erzeugt.

Ohne diese Paarbildung kann von einer Entstehung der Isotope nicht gedacht werden.

Diese Eigenschaft besitzt in diesem Falle unser Tensor zweiten Ranges – zumindest soll dem Tensor diese Eigenschaft zugebilligt werden, um eine

Lorentz-Invarianz als Grundlage für die Lorentz-Interpretation der Speziellen und Allgemeinen Relativitätstheorie zu liefern.

Im Falle der Lorentz-Invarianz - in Bezug der Speziellen und Allgemeinen Relativitätstheorie – ist die Energie unseres Tensors $a_{\mu\nu}$ als Gammaquant hf und hf' groß genug, um die gesamte Energie eines Kerns durch Paarbildung in Materie umzuwandeln.

Dabei entsteht in der Nähe unseres Tensors ein Elektron, welches sich mit einem Positron verbindet.

Sobald diese sich miteinander verbunden haben, verlassen diese den Atomkern unseres Tensors, um als Gammaquant hf und hf' eine Paarbildung zur Entstehung eines Isotops hervorzurufen.

Im Falle unseres Tensors handelt es sich nun um ein Pion, welches durch die Verbindung von einem Elektron mit einem Positron sich gebildet hat.

Das Pion ist nun unser Ion, welches eine ionisierende Strahlung hervorbringt.

Hierdurch besitzt unser Pion nun die Eigenschaft, eine Minimalenergie als Erhaltungsgröße zu besitzen, die solange vorhanden bleibt, wie Elektronen und Positronen existieren.

Das Pion besitzt nämlich durch das Positron ein Alphateilchen als Atomhülle und durch das Elektron ein Betateilchen als Atomkern, so dass unser Pion als Elementarteilchen eine Energie, aufgrund der positiven Ladung der Atomhülle, in Form von potentieller Energie besitzt, was wiederum dazu führt, dass durch die Paarbildung dieses Pion radiumaktive Isotope hervorbringt, die durch ihre Röntgenstrahlung, die Quantenenergie für unser Gammaquant hf, liefern.

Hingegen besitzt das Boson nämlich durch das Elektron ein Betateilchen als Atomhülle und durch das Positron ein Alphateilchen als Atomkern, so dass unser Boson als Elementarteilchen eine Energie, aufgrund seiner negativen Ladung der Atomhülle, in Form von kinetischer Energie, die Gammastrahlung als Quantenenergie für unser Gammaquant hf' hervorbringt, so dass bei einer Paarbildung radioaktive Isotope entstehen.

Dies führt dazu, dass unser Tensor in der Lage ist eine Kovarianz und Äquivalenz durch die folgenden Eigenschaften hervorzubringen:

$$x_v = a_v + \lambda b_v$$
$$\lambda(x_v) = a_v + b_v$$

$$\lambda^{x_v} = a_v^{b_v}$$

$$\lambda^{-x_v} = a_v^{-b_v}$$

$$etc.$$

Diesbezüglich besitzen alle Elementarteilchen, die durch eine Kernspaltung hervorgehen eine äquivalente Eigenschaft, die besagt, dass eine Momenten-Auslenkung davon abhängig ist, wie viele radioaktive Atome in einem Moment vorhanden sind.

Der Grund liegt darin, dass bei einer Kernspaltung die Freisetzung der Kernenergie dazu führt, dass die Masse eines Atoms stetig abnimmt und der Grund ist, warum man allgemein von Zerfällen spricht.

Aufgrund dessen existiert das entsprechende Zerfallsgesetz, das besagt, dass bei einer Kernspaltung die Anzahl der Kerne abnimmt, was darauf schließen lässt, dass die Masse eines Atoms stetig abnimmt.

Hierin liegt auch die Begründung für die Existenz der Zerfallskonstante, die sich aber auf den betreffenden Stoff bezieht und nicht auf einzelne Atome.

Diese äquivalente Eigenschaft ist auch der Grund, warum Strahlungen eine elektromagnetische Eigenschaft besitzen, die eine Verknüpfung von elektromagnetischen Feldern miteinander ermöglichen.

Aus diesem Zusammenhang heraus ergibt sich folgende Bedingung für die Einstein-Interpretation der Klassischen Allgemeinen Relativitätstheorie – kurz: EI genannt:

Um ein Gravitationsfeld erzeugen zu können, müssen die Elementarteilchen eine bestimmte Minimalenergie besitzen. Diese Minimalenergie der Elementarteilchen wird als Strahlung bezeichnet. Alle Alpha- und Betateilchen haben diese Energie in Form von kinetischer Energie, die zur Entstehung der Gammastrahlung führt, die als Quantenenergie hf' bezeichnet wird.

Das hieraus resultierende Gravitationsfeld besteht demzufolge aus Ionen, welche eine ionisierende Strahlung erzeugen, so dass bspw. beim „Freien Fall" die Geschwindigkeit immer als Erhaltungsgröße konstant bleibt und der Grund dafür, dass die Gleichung: $E = m\ x\ c^2$ selbst ein Energieerhaltungssatz ist.

Nach der Lorentz-Interpretation der Klassischen Allgemeinen Relativitätstheorie und nach der Speziellen Relativitätstheorie von Albert

Einstein wird ein Gravitationsfeld dadurch erzeugt, dass die Strahlung eine elektromagnetische Eigenschaft besitzt, d.h. diese muss mit elektromagnetischen Feldern verknüpft sein bzw. diesen Umstand hervorbringen können.

Dies trifft in der Regel auf Alpha-, Beta- und Gammastrahlung sowie für UV- und Röntgenstrahlung zu.

In diesem Falle wird die Erhaltungsgröße durch die Ruhemasse erreicht, so dass auch hier die Geschwindigkeit im „Freien Fall" konstant bleibt.

Hierdurch ergibt sich aber ein ganz anderer Erhaltungssatz nämlich: $G = mgh$, wobei:

$G = Schwerkraft\ (Eigengewicht), m = Masse, g = Erdbeschleunigung,$
$h = Höhe.$

Diese Gleichung liefert auch die Grundbedingung dafür, dass Planeten und alle anderen Gegenstände und Zustände ein Volumen besitzen können bzw. aus diesen ein Volumen hervorgeht.

Außerdem wird hierdurch eine mögliche Begründung geliefert, warum das Elektron eine negative Ladung und auch eine positive Ladung besitzen kann.

Ein möglicher Beweis wird dadurch geliefert, dass beim Erhitzen von Wasser, Elektronen eine positive Ladung besitzen, weil Wasser selbst aus dem Zustand der negativen Ladung der Elektronen heraus entstanden ist.

Bisher wird allgemein immer nur von Zuständen berichtet, die so sind und nicht anders, aber auf jegliche Begründung, warum dem so ist; da wird sich in Schweigen gehüllt.

Für das positiv geladene Elektron – sprich: Positron – ergibt sich dann folgende Voraussetzung bzw. der entsprechende Erhaltungssatz:

$m_0 c^2 = \Delta E \left(\frac{1}{\beta}\right)$, dabei gilt: $\frac{1}{\beta} = \Delta E$.

Allgemein kann hier zurecht behauptet werden, dass die Klassische Allgemeine Relativitätstheorie einen universellen Erhaltungssatz bzw. Erhaltungssätze besitzt und selbst die Spezielle Relativitätstheorie.

Nun haben wir die Klassische Allgemeine Relativitätstheorie und Spezielle Relativitätstheorie nach den Gesichtspunkten von Albert Einstein und Hendrik Antoon Lorentz auf ein festes theoretisches Gebäude zementiert und diese aus der hypothetischen Randbedingung in einen naturgesetzlichen Raum eingebettet.

Dieser naturgesetzliche Rahmen besagt nämlich, dass eine Invarianz in der Physik darin besteht, dass bspw. beim „Freien Fall" die kinetische und potenzielle Energie konstant bleibt, da beim „Freien Fall" keine Kräfte auf ein Objekt wirken, die Einfluss auf die Gesamtmasse eines Objektes ausüben, da das Objekt selbst keinen Einfluss auf das Gravitationsfeld ausübt, so dass dadurch eine Wechselwirkung einsetzen würde, um das Wirken einer Kraft auf sich selbst hervorzurufen.

In der Thermodynamik entsprechen die Zunahme und Abnahme an Energie, den Umstand der Reibung.

Die Thermodynamik besagt demzufolge, dass die potenzielle Energie eines Objektes dadurch abnimmt, indem das Objekt selbst an Masse verliert, wodurch sich die Gesamtmasse des Objektes sich verringern würde, was aber auch gleichzeitig dazu führen würde, dass die kinetische Energie sich dadurch ebenfalls verringern würde.

Das Gesetz der Gravitation führt dahingehend den Beweis an, dass die kinetische Energie eines Objektes im „Freien Fall" sich erst dadurch erhöht, wenn während des „Freien Falls" die Gesamtmasse – sprich: potenzielle Energie – besagten Objektes stetig zunehmen würde, was aber nie der Fall sein wird.

Aus diesem Grund erhalten wird folgenden Zustand der Relativität:

$F_{grav} \equiv E_{pot} = E_{kin}.$

Außerdem besagt das Gravitationsgesetz von Bernhard Riemann:

„Ein Gravitationsfeld überträgt keine Energie auf andere Objekte, sondern einzig und allein entspricht die Entstehung der Gravitation, die Existenz der Rotationsbewegung der Gravitationsfelder."

Inbezugnahme der Heisenbergschen Unschärferelation entsteht die Rotationsbewegung aufgrund der Absorption der Gammastrahlen, was darauf schließen lässt, dass ein Zerfall von Atomkernen vorliegt.

Der Grund der Unschärferelation liegt darin, dass man bisher für einen speziell herausgegriffenen Atomkern nicht genau angeben kann, wann der Zerfall eintritt.

Einzig und allein kann man bei einer größeren Menge an radioaktiver Substanz jedoch sagen, dass bei einer Absorption der Gammastrahlen die Anzahl an Atomkerne stetig abnimmt, so dass eine Aktivität überhaupt vorliegt, die auch messbar ist.

Die entsprechende Zerfallskonstante ist somit das Resultat des Zerfalls von Atomkernen der jeweiligen betreffenden radioaktiven Substanz.

Der Wert der Zerfallskonstante kann dadurch selbst keinen festen Wert annehmen, sondern ist in diesem speziellen Fall variierbar, was dem Begriff Zerfallskonstante keinen Abbruch tut, da von einem Zerfall sowieso erst gesprochen werden kann, wenn eine Aktivität durch den Zerfall von Atomkerne einsetzt.

In diesem Zusammenhang ergibt sich auch, dass von radiumaktive Isotope erst dann gesprochen werden kann, wenn der Atomkern zerfällt, aber die Atomhülle erhalten bleibt und zwar solange bis nicht mehr genügend Energie des Atomkerns vorhanden ist, die zum Erhalt der Atomhülle benötigt wird, so dass dadurch auch die Atomhülle zerfällt.

Und bei radioaktiven Isotopen ist es genau umgekehrt, wenn die Atomhülle zerfällt, aber dadurch der Atomkern erhalten bleibt, und zwar solange bis die Energie, die zum Erhalt der Energie des Atomkerns benötigt wird, vollständig aufgebraucht ist, wodurch dann auch der Atomkern zerfällt.

Die Einstein-Interpretation der Klassischen Relativitätstheorie – kurz: EI – besagt, dass frei fallende Körper keine Kräfte erfahren, da diese sich auf einer Geodäten (das entspricht im gekrümmten Raum der Geraden) befinden; die Masse und Gesamtenergie bleiben konstant, denn es wirken ja keine Kräfte.

Hierfür gibt es bereits das Gesetz das Gesetz der Brachistochrone von Jakob Bernoulli für den freien Fall, welches folgendes hierzu beschreibt:

„Gesucht ist die Kurve, auf der ein Körper unter dem Einfluss der Schwerkraft in kürzester Zeit von A nach B gelangt. Dies ist die Brachistochronen Kurve.

Und dieses Gesetz beweist, dass beim freien Fall keine Kräfte auf ein Objekt einwirken, da das Objekt seine Richtung, seine potenzielle Energie und seine Geschwindigkeit niemals ändert.

Das ist auch der Grund, warum Licht weder seine Frequenz noch seine Energie innerhalb eines Gravitationsfeldes ändert, wodurch sich selbst in optisch dichten Medien die Geschwindigkeit und Wellenlänge nicht ändert.

Das bedeutet aber auch, dass es nur zwei Arten von Kräften gibt, und zwar die Zentripetalkraft, welche die Volumenausdehnung durch die potenzielle Energie und die Zentrifugalkraft, welche die Dichtezunahme durch die kinetische Energie hervorbringen.

Im Weltall – also innerhalb eines Vakuums – gilt die Zentripetalkraft, welche die mittlere Geschwindigkeit der Objekte liefert.

Außerdem besitzen im Weltall und somit Vakuum alle Objekte ein- und dieselbe Geschwindigkeit – unabhängig ihrer Beschaffenheit.

Auf der Erde hingegen gilt die Zentrifugalkraft, welche die Lichtgeschwindigkeit der Objekte liefert.

Dadurch besitzen – im Gegensatz zur Zentripetalkraft – unterschiedliche Objekte, unterschiedliche Geschwindigkeiten.

Außerdem ist das Brachistochronen-Gesetz die Beschreibung des Weges des geringsten Widerstandes.

Diesbezüglich wird die Brachistochronen-Kurve durch die Röntgenbeugung ermöglicht.

Die potenzielle Energie ist immer die Energieform, die nur von Objekten aufgenommen werden kann, wodurch das Potential eines Objektes, durch die Zunahme an Gesamtenergie und Masse, zunimmt und dies liefert die Bedingung für die Volumenausdehnung.

Im Gegensatz dazu, ist die kinetische Energie immer die Energieform, die von den Objekten selbst nur abgegeben werden kann, wodurch sich das Potential eines Objektes, durch die Abnahme an Gesamtenergie und Masse, sich verringert.

Das bedeutet, je weiter ein Planet sich von der Sonne befindet, desto größer seine Größe und Masse und je größer ist auch seine Umlaufbahn, wodurch dieser mehr Zeit benötigt, um sich einmal um die Sonne zu bewegen."

Diesbezüglich ergeben sich folgende Definitionen, die sowohl für die LI als auch für die EI und der Speziellen Relativitätstheorie in Betracht kommen:

Energie:

1) Kinetische Energie (Bewegungsenergie):

Unter der kinetischen Energie E_{kin} eines Körpers mit der Masse m versteht man die Zentrifugalkraft, die dazu führt, dass der Körper seine Lage verändert, so dass die lineare orthogonale Transformation als Brachistochronen-Kurve dargestellt werden kann.

2) Potenzielle Energie (Ruhemasse):

Unter der potenziellen Energie E_{pot} eines Körpers mit der Masse m versteht man die Zentripetalkraft, die dafür verantwortlich ist, dass ein Körper seine Lage und Geschwindigkeit, unter der Schwerkraftbedingung der Erde, nicht ändert, um dadurch in einen Zustand der Ruhe versetzt werden zu können, so dass auch hier die lineare orthogonale Transformation als Brachistochrone dargestellt werden kann.

3) Energieerhaltungssatz:

In einem geschlossenen System (ein System von Körpern, die keinerlei Veränderung erfahren) bleibt die Gesamtenergie konstant.

Das bedeutet, dass die potenzielle Energie innerhalb dieses Systems nur in kinetische Energie oder die kinetische Energie in potenzielle Energie umgewandelt werden kann.

In einem System, das also nur konservativen Kräften unterworfen ist, d.h. ein System ohne Reibungsverlust bzw. ohne auftretende Reibung, ist die Summe der kinetischen und potenziellen Energie immer konstant:

$$E_{kin} + E_{pot} = const.$$

4) Die Wirkung der Kräfte:

Das Wirken der Kräfte bewirkt innerhalb eines geschlossenen Systems, dass kein Reibungsverlust entsteht, da das Wirken der Kräfte eine Kovarianz vorsieht, wodurch es erst möglich ist, dass eine Energieform in die jeweilige andere Energieform und zurück umgewandelt wird bzw. werden kann.

Das, was wir unter Reibungsverlust verstehen, ist die Verringerung der Gesamtenergie und Masse eines Objektes, doch geschieht dies weder in einem Vakuum noch auf Erden.

Reibungsverluste treten immer dann auf, wenn ein Objekt die zusätzliche potenzielle Energie nicht aufnehmen kann, wodurch eine Deformation einsetzt.

Dieser Umstand gilt auch, wenn ein Objekt nur dadurch eine Beschleunigung erfährt, sobald es mehr potenzielle in kinetische Energie umwandeln muss.

Um eine Deformation ohne Reibungsverlust ermöglichen zu können, bedarf es der Zentrifugalkraft, die es ermöglicht, dass Objekte eine Beschleunigung erfahren ohne, dass dabei ein Verlust der Gesamtenergie und Masse auftritt.

Hingegen wird die Zentripetalkraft benötigt, die es ermöglicht, dass ein Objekt in den Zustand der Ruhe versetzt werden kann ohne, dass dabei eine Deformation eintritt und ohne dass die Gesamtenergie und Masse sich verändert.

5) Impuls:

Ein Objekt mit der Masse m besitzt einen Impuls, wenn es mithilfe der Zentrifugalkraft in den Zustand der Bewegung versetzt wird.

Hooke Gesetze:

1) plastische Deformation:

Ist die relative Scherung eines Festkörpers proportional zu dessen Spannung, dann spricht man von Kohäsionskräften.

Wenn mit zunehmender Reibung die relative Scherung eines Festkörpers gegenüber dessen Spannung zunimmt, dann entsteht ein Reibungsverlust, wodurch die Formveränderungen irreversibel sind.

Beispiele: Schneiden, Reißen, Brechen, alle Zerspannungsvorgänge, etc.

Kohäsionskräfte erzeugen eine „plastische" Deformation, die dann auftritt, wenn sehr starke Kräfte an einem Feststoff wirken.

Das heißt, dass die einwirkende Kraft größer ist, als die resultierende Kraft, die der Feststoff besitzt, wodurch Formveränderungen irreversibel sind.

Es gilt:

$$F_{grav} = \gamma \times \left(\frac{m_1 \times m_2}{r^2}\right)$$

Definitionen:

$$F_{grav} = Gravitationskraft\ (Massenanziehungskraft);$$

$$m_1, m_2 = Massen;\ r = Schwerpunktsabstand;$$

$$\gamma = Gravitationskonstante: 6{,}673 \times 10^{-11} \frac{N}{m^2}$$

2) elastische Deformation

Ist die relative Dehnung eines Festkörpers proportional zu dessen Spannung, dann spricht man von Adhäsionskräften.

Wenn mit abnehmender Reibung die relative Dehnung eines Festkörpers gegenüber dessen Spannung zunimmt, dann entsteht kein Reibungsverlust, wodurch die Formveränderungen reversibel sind.

Beispiele: Kleben, Schweißen, Biegen, Kneten, etc.

Adhäsionskräfte erzeugen eine „elastische" Deformation, die dann auftritt, wenn sehr starke Kräfte an einem Festkörper wirken.

Das heißt, dass die einwirkende Kraft größer ist als die resultierende Kraft, die der Feststoff besitzt, doch die Formveränderungen sind reversibel.

Es gilt:

$$F_{grav} = \beta \times \left(\frac{m_1 \times m_2}{r^2}\right)$$

Definitionen:

$$F_{grav} = Gravitationskraft\ (Massenanziehungskraft);$$
$$m_1, m_2 = Massen;\ r = Schwerpunktsabstand;$$
$$\beta = Gravitationskonstante: 6{,}673\ x\ 10^{-11}\ N/m^2$$

Potential:

1) Ein Potential ist die Kraft, die eine Bewegung verursacht.

Dabei kann die Kraft die Ursache für Bewegung und die Bewegung die Ursache für die Kraft sein.

2) Ein Potential ist die Definition eines Punktes, der definitionsgemäß gleich null ist und die Eigenschaft als Basis erhält, wodurch eine lineare orthogonale Transformation die Gestalt eines Punktes oder Strahl innerhalb eines Koordinatensystems annimmt und dadurch polynomial ist; der auch als Tensor bezeichnet werden kann, sofern es sich um einen spezifischen Widerstand handelt.

3) Ein Potential, welches als Differenz mindestens zwei Punkte innerhalb des Koordinatensystems benötigt, wobei ein Punkt die Basis darstellt und der andere Punkt den Exponenten, wird als Strecke oder Gerade oder Kurve oder Kreis bezeichnet.

Dadurch erhält man als lineare orthogonale Transformation eine Strecke oder eine Gerade oder eine Kurve oder einen Kreis und dadurch polymer ist; die auch als Vektor bezeichnet werden kann, sofern es sich um einen elektrischen Widerstand handelt.

Photoelektrische Effekt:

Mit dem photoelektrischen Effekt kann die potenzielle Energie nicht verändert werden.

Das bedeutet, dass Elektronen aus einer Metalloberfläche durch das UV-Licht nicht herausgeschlagen werden können, denn hierzu müsste es zu einer Veränderung des Aggregatzustandes des Metalls durch das UV-Licht kommen.

Der photoelektrische Effekt besitzt kein Potential, da es sich hier um einen ladungsneutralen Zustand handelt, wodurch weder ein elektrischer noch ein spezifischer Widerstand entsteht.

Lichtelektrischer Effekt:

Mit dem lichtelektrischen Effekt kann die potenzielle Energie verändert werden.

Das bedeutet, dass Elektronen aus einer Metalloberfläche mithilfe der Elektrizität herausgeschlagen werden können, ohne dass dabei der Aggregatzustand des Metalls verändert werden muss.

Der lichtelektrische Effekt besitzt ein Potenzial, da es sich hier um einen geladenen Zustand handelt, wodurch ein elektrischer oder spezifischer Widerstand erzeugt werden kann.

Der lichtelektrische Effekt findet seine Anwendung z.B. beim chemischen Deoxidationsverfahren (von meiner Seite aus auch als Elektrolyse bezeichnet).

Potential der Aggregatzustände:

1) potenzielle Energie:

Das Potential der potenziellen Energie wird dadurch erhöht, dass ein gasförmiger Zustand in einen flüssigen umgewandelt wird.

2) kinetische Energie:

Das Potential der kinetischen Energie wird dadurch erhöht, wenn ein flüssiger Aggregatzustand in einen festen umgewandelt wird.

3) potenzielle und kinetische Energie:

Das Potential sowohl der potenziellen als auch der kinetischen Energie wird dadurch erhöht oder verringert, indem die Umwandlung von einem Aggregatzustand in einen anderen dazu führt, dass die potenzielle und kinetische Energie sich dadurch erhöht oder verringert wird.

Potential der Gravitation:

1) Gravitation ist das Potential der Gleichverteilung, die zum Gleichgewicht führt.

2) Gravitation lässt nur Proportionalität zu.

Potential der Raum-Zeit:

1) Der Raum als Potential ist ein elektrischer Widerstand, dessen Spannung als Magnetismus durch einen durchfließenden Strom hervorgebracht wird.

2) Die Zeit als Potential ist ein spezifischer Widerstand, deren Abhängigkeit darin liegt, dass eine materialspezifische Proportionalitätskonstante vorliegt, deren Eigenschaften besagen, dass

a) der Strom nimmt mit der Spannung zu,

b) der Strom nimmt mit dem Querschnitt zu,

c) der Strom nimmt mit der Drahtlänge ab.

Aus den vorangegangenen Eindrücken meiner Erkenntnisse habe ich herausgefunden, dass Photonen und Neutronen keine Ladungsträger sind, sondern nur die Protonen, die aus den Photonen durch Adhäsionskräfte heraus entstehen und die Elektronen, die aus den Neutronen durch die Kohäsionskräfte heraus resultieren, sind Ladungsträger.

Beispiel:

Das Licht des Lichtstrahls einer Taschenlampe besitzt selbst keine Ladung, so dass ein Beweis dafür geliefert ist, dass Photonen keine Ladungsträger sind; was aber unter anderen Bedingungen eventuell anders sein könnte.

Die Beschäftigung mit wissenschaftlichen Theorien hat mich eines gelehrt, dass man sich seiner Sache nie zu sicher sein sollte.

Um den Umgang mit wissenschaftlichen Theorien und dem Erlernen eigene wissenschaftliche Theorien zu entwickeln – unabhängig davon, ob diese benötigt werden oder nicht – zu erlernen, muss man lernen die Dinge auch mal aus einer anderen Perspektive betrachten zu können.

Es sollte dabei nicht der nötige Mut fehlen auch mal daneben zu liegen, denn ansonsten kann niemand etwas lernen.

Nach meiner bisherigen Erfahrung kann ich sagen, dass theoretische Physiker sich niemals an ein Experiment vagen würden, sondern sich viele Theorien (nicht alle) nur aus den Fingern saugen, ohne das es nötig wäre, die bisherigen Theorien infrage zu stellen.

Vielmehr sollte der Fokus daraufgelegt werden, die bisherigen Theorien so zu vermitteln, dass diese auch im richtigen Moment bewusst angewendet werden können.

Viele theoretische Physiker haben diesbezüglich aber den Nachteil, dass es für sie keine Möglichkeiten gibt, diese anzuwenden, um dadurch Fehler in ihren Theorien beheben zu können oder Experimente so zu entwickeln, dass ihre Theorien eine Wahrheit besitzen.

Es fängt schon damit an, dass theoretische Physiker sich über bspw. Elementarteilchen Gedanken machen, obwohl diese gar nicht beobachtbar sind.

Ich kann z.B. die Lichtteilchen nicht mit bloßem Auge sehen und ob das Licht eine Welle ist auch nicht.

Und somit macht es für mich eigentlich gar keinen Sinn mir darüber Gedanken zu machen, welche Eigenschaften nun das Licht besitzt.

Natürlich weiß ich, dass Licht in optischen dichten Medien die Eigenschaft einer Welle hat, ansonsten eine Teilchenform wie z.B. bei der Elektrizität oder beim Feuer, etc.

Was ich damit andeuten will ist, dass die Theorien immer so beurteilt werden, als wenn diese die Letztbegründung darstellen würden, was aber niemals der Fall sein wird.

In diesem Sinne empfehle ich jeden Leser von Sachbüchern, die Theoretiker nicht zu ernst, aber mit Respekt zu begegnen, denn sie hätten ja auch

Serienmörder, Sexualstraftäter werden oder anderweitige abnorme Tätigkeiten nachgehen können.

Theoretische Physiker sind generell Naturphilosophen, die ihre eigene Art und Weise besitzen, die Wirklichkeit zu beschreiben wie diese sein könnte, doch niemals wie sie wirklich ist, da diese nie frei von Widersprüchlichkeiten sein können, und dementsprechend sind deren Theorien auch zu behandeln.

Die Widersprüchlichkeit ist vielleicht auch nur scheinbar, dementsprechend entwickle ich für mich Alternativen und wenn man es so nehmen will, auch aus dem Grund der erzieherischen Maßnahme.

Dabei ist es für mich unerheblich, ob andere alles anders sehen, denn eine Vollständigkeit kann nur durch Vielseitigkeit erreicht werden und dementsprechend versuche ich das, was ich an meinem Arbeitsplatz lerne, auch zu meinen Gunsten mit einfließen zu lassen.

Das ist auch der Grund, warum mit dem geistigen Fortschritt, der technische erst möglich wird und mit dem technischen, der geistige Fortschritt sich weiterentwickelt.

Natürlich kann ich nicht jedes Buch lesen, um ein noch differenziertes Bild zu bekommen, so dass ich selbst in Widersprüche gerate, aber auch Irrlehren zum Opfer fallen kann.

Das ist auch der Grund, warum ich mir dessen bewusst bin bzw. geworden bin, dass alles auch anders sein kann, sofern entsprechend alternative Ideen entwickelt werden und mir wiederum dazu dienen, dadurch mich geistig weiterzuentwickeln, da mein Leben nicht viele Möglichkeiten bietet mein Leben interessant zu gestalten ohne mich gleich finanziell verausgaben zu müssen.

Auch du als Leser oder Leserin solltest dir im Leben solche Dinge vor Augen halten, denn nicht alles ist immer so wie es auf den ersten Blick scheint.

„Wahrheiten gibt es viele. Antworten gibt es keine."

Daher liegt die einzige Anwendungsmöglichkeit der Theorien für theoretische Physiker nur darin, diese stets zu erweitern und von auftretenden Widersprüchen – wenn man so nehmen will Fehlern – zu bereinigen.

Und hier ist jede Generation gefragt. Als Leser bzw. Leserin wirst du feststellen, dass ich die Dinge immer versuchen werde auf das Genauste zu nehmen, doch sehe ich schon die Gefahr, dass ich mich irgendwann wiederhole, um mich dadurch in Widersprüche zu verwickeln.

Aus diesem Grund ist die Mathematik unvollständig, da diese den Naturgesetzen – siehe Beispiel: Potenzieren (oben) – nicht folgt.

Die Geometrie hingegen ist universell, da die Sternenbilder den nötigen Beweis dafür liefern.

Was mir auch aufgefallen ist, ist der Umstand, dass es kein kreisförmiges Sternenbild gibt und ich behaupte den Grund dafür zu kennen, weil nämlich die Umlaufbahn der Planeten elliptisch und nicht kreisförmig ist; auch wenn diese Begründung etwas absurd klingt, so werde ich trotz alledem oder gerade deshalb recht behalten.

Es gibt in der Mathematik Gesetze, die die Spezielle und Allgemeine Relativitätstheorie sehr gut erfassen lassen und möchte mich in diesem Sinne Kurt Gödel und Georg Cantor für diese erhellenden Ansichten bedanken und hiermit verkünden: „Scheiß' auf die Primzahlen".

Diese Gesetze folgen immer der Logik eines Kurt Gödel und Georg Cantor, wobei diese Gesetze durch die Namen Kurt Gödel und Georg Cantor ihre Berechtigung besitzen:

1) Das Universum – ein geschlossenes und rotierendes System:

Das Universum als ein geschlossenes und rotierendes System wird mathematisch als eine Differentialgleichung mit mehreren Variablen beschrieben und dadurch lässt sich beweisen, dass „die Menge aller Mengen, die sich selbst beinhaltet, eine Differentialgleichung mit mehreren Veränderlichen ist" und allgemein wurde bereits ein Bezeichnung dafür entwickelt und zwar die „Menge der komplexen Zahlen".

Die Mengen der jeweiligen Zahlen kann man sich wie ein Gravitationsfeld vorstellen, die sich gegenseitig beeinflussen.

Diese kann man dann miteinander verknüpfen, je nachdem welchen Wert man erreichen möchte.

Mithilfe dieser Herangehensweise lässt sich die gesamte Mathematik auf ein axiomatisches Fundament setzen, dass frei von jeglichen Widersprüchen ist, so dass die Unvollständigkeitssätze von Kurt Gödel keinerlei Bestand mehr haben.

2) Der Raum – eine Randbedingung:

Der Raum ist in der Mathematik nur eine Randbedingung – vornehmlich auch als Randmatrix (von meiner Seite aus so) bezeichnet.

Dieser Randbedingung lässt sich eine bestimmte Definitionsmenge zuordnen, und zwar die Menge der reellen Zahlen.

3) Die Zeit – eine verkannte Invariante der Kraft, die hinter jeder Bewegung steckt:

Die Zeit selbst ist in der Mathematik polynomial, doch lässt sich diese nur als Kraft und die daraus resultierenden Bewegungen erfassen.

Aus diesem Grund ordne ich der Zeit die Menge der ganzen und natürlichen Zahlen zu.

4) Gott – ein Zahlenmystiker:

Der Herr gab uns Augen, damit wir zur Natur aufschauen, doch sehen wir auf sie herab.

Der Herr schenkte uns Worte, doch wirklich zu sagen haben wir nicht mehr.

Der Herr leuchtete uns im Dunkeln und wir entdeckten die Schrift, doch das, was wir schreiben ist meistens nur Mist.

Der Herr nimmt uns die Schmerzen, doch viel zu gern leiden wir sehr.

Der Herr überließ uns das Denken, doch unsere Gedanken sind immer nur leer.

Also Mensch, wohin des Weges, wenn jede Richtung, die dir geboten wird, ausschlägst.

Warum bleibst du nicht in Platons Höhle und gehst Gott nicht mehr auf den Keks.

Zeit ist nach der Speziellen und Allgemeinen Relativitätstheorie durch die Kohäsionskräfte eine Kovarianz und durch die Adhäsionskräfte äquivalent, doch Lorentz-invariant sind immer nur die gegenwärtigen Veränderungen.

Aus dieser Erkenntnis heraus, lässt sich ein neues Newtonsche Gravitationsgesetz formulieren, dass gänzlich ohne eine willkürlich entwickelte und definierte Naturkonstante auskommt. (An dieser Stelle ein Dankeschön für die Inspiration an Alexander Unzicker durch sein Werk: „Mathematische Realität").

Das neue Newtonsche Gravitationsgesetz lautet demzufolge:

$$F_{grav} = m \, x \left(\frac{r}{t}\right)$$

Definitionen:

$$F_{grav} = Gravitationskraft\ (Massenanziehungskraft),$$
$$m = Masse, r = Radius\ (Momenten-Auslenkung), t = Zeit$$

Erläuterung:

Dieses Gesetz besagt, dass die Zentripetalkraft als einwirkende Kraft, der Zentrifugalkraft als entgegengesetzte Kraft, gleich ist.

Die Gleichung gilt daher sowohl für die Zentripetalkraft als auch für die Zentrifugalkraft.

Dadurch werden die willkürlich gewählten Naturkonstanten wie a = 0,5 m/s; g = 9,81 m/s² und die Gravitationskonstante $\gamma = 6,673 \, x \, 10^{-11} \, N/m^2$ überflüssig.

Der Beweis für die Richtigkeit der obigen Gleichung wird durch das Pendel geliefert.

Die Zentripetalkraft entsteht dadurch, dass die Planeten sich um die Sonne drehen und die Zentrifugalkraft entsteht dadurch, dass Planeten sich um sich selbst drehen.

Der Raum als solches beruht auf das Prinzip der Zentrifugalkraft, wohingegen die Zeit auf das Prinzip der Zentripetalkraft beruht.

Damit Raum und Zeit eine Einheit bilden können, existiert der Begriff der Gravitation.

Die Lichtgeschwindigkeit bzw. die Geschwindigkeiten als solches sind dem Umstand der Gravitation geschuldet.

Denn die Lichtgeschwindigkeit verändert sich beliebig, da alle Geschwindigkeiten sich dadurch ergeben wie viel Energie in einem einzigen Moment freigesetzt wird, um Objekte oder Massen in Bewegung zu setzen.

Das heißt, dass die Kraft sich auf das Prinzip der Absorption von potenzieller und kinetischer Energie bezieht und die Bewegung auf das Prinzip der Emission von potenzieller und kinetischer Energie.

Das Gesetz der Gravitation besagt indessen, wenn der elektrische Impuls durch die potenzielle Energie zunimmt oder abnimmt, dann muss auch der magnetische Impuls durch die kinetische Energie zu- oder abnehmen, was wir Menschen dann als beschleunigte oder verzögerte Bewegung aufgrund der Zunahme oder Abnahme der Geschwindigkeiten bzw. Lichtgeschwindigkeit(en) wahrnehmen bzw. als solches definieren.

(siehe: Gesetz der Thermodynamik, da die potenzielle Energie die Wärme und die kinetische Energie die Kälte liefert, wobei durch die kinetische Energie auch Wärme erzeugt werden kann, was aber zu einem Verlust der Masse durch Reibung führt. Demzufolge kann auch die potenzielle Energie z.B. Wasser Kälte erzeugen, was aber in diesem Falle zu keinem Verlust der Masse durch Reibung verursachen würde.)

Geschwindigkeit ist an sich nichts weiter, als das in einer bestimmten Zeit eine bestimmte Strecke zurückgelegt wird, so dass für alle Arten von Geschwindigkeiten bzw. Lichtgeschwindigkeit(en) und unabhängig der Größe und Gewicht der sehr kleinen oder sehr großen Massen dieselbe Gleichung gilt, da innerhalb des Vakuums alle Objekte – unabhängig ihrer Beschaffenheit in Größe und Gewicht – dieselbe Geschwindigkeit besitzen:

$s = v \: x \: t \: bzw. \: s = v(t)$.

Hierdurch offenbart sich ein Denk- und dadurch Rechenfehler von Albert Einstein in seiner berühmten Gleichung: $E = m \: x \: c^2$.

Nach der allgemein bekannten und anerkannten Aussage von Albert Einstein, kann sich nichts schneller bewegen als das Licht.

Aber die Gleichung besagt durch die Variable c^2 etwas völlig anderes.

Denn nach Albert Einstein steht die Variable c für die Lichtgeschwindigkeit, wodurch dann die Variable c^2 für die Überlichtgeschwindigkeit steht.

In diesem Sinne hat sich Albert Einstein selbst widersprochen und alle anderen haben nur applaudiert, ohne dass ihnen der Fehler aufgefallen ist.

Das kommt davon, wenn man kein Wort verstanden hat, und keine Ahnung von dem hat, wovon man redet, denn dann wäre der Fehler von Albert Einstein selbst behoben worden.

Aber nichtsdestotrotz kann man die Gleichung als ein allgemeingültiges Naturgesetz anerkennen, aber nur unter den folgenden veränderten Bedingungen, die aber dadurch mehr Klarheit bietet:

$$E = Elektrodynamik\ bewegter\ Körper;$$
$$m = magnetische\ Impuls, c^2 = elektrische\ Impuls$$

Die Bezeichnung Elektrodynamik bewegter Körper kann allgemein auch als Gravitation bezeichnet werden.

Die Bezeichnung magnetischer Impuls steht für die Zentrifugalkraft und die Bezeichnung elektrischer Impuls für die Zentripetalkraft.

Dadurch kann diese Gleichung auch als die gesuchte allgemeine Feldgleichung angesehen werden, nach der Albert Einstein immer gesucht und trotz der Widersprüche selbst entdeckt hat.

Aber alles in allem gebe ich euch eine Erläuterung des ursprünglichen Gesetzes des Gravitationsgesetzes von Sir Isaac Newton:

Die Gravitationskonstante γ bekommt in der Ausgangsgleichung die Maßeinheit Newton, die beiden Massen bekommen jeweils die Maßeinheit kg, so dass kg² sich ergibt, anschließend bekommt r^2 die Maßeinheit m zum Quadrat.

Dadurch ergibt sich: $N \times \left(\frac{kg \times kg}{m^2}\right) = N \times \left(\frac{kg^2}{m^2}\right) = Nm/kg$.

Ich hoffe die Erläuterung ist mir gelungen – zumindest macht diese Erläuterung Sinn.

Der Begriff „Naturkonstante" ist mit dem Begriff der Gravitation gleichzusetzen, da die verwendeten Begriffe nur ein Synonym für das Beobachtbare und dadurch Erklärbare liefern.

Im Grunde genommen bedarf das Newtonsche Gravitationsgesetz gar keiner Konstante γ, da die Gleichung auch ohne diese, eine Erklärung für das Beobachtete liefert.

Ursprünglich:
$$F_{grav} = \gamma \times \left(\frac{m_1 \times m_2}{r^2}\right)$$

Vereinfacht:
$$F_{grav} = \frac{m_1}{r} = \frac{m_2}{r}$$

Es gilt hierbei: $E_{kin} = \frac{m_1}{r}$ und $E_{pot} = \frac{m_2}{r}$ und den nötigen Beweis liefert hierfür das „Gesetz der Brachistochrone" von Jakob Bernoulli.

Beweis:
$$E_{kin} = feste\ Aggregatzustand$$
$$E_{pot} = flüssige\ Aggregatzustand$$
$$E_{kin} = E_{pot}, da\ die\ Masse\ in\ kg\ gleich\ der\ Masse\ in\ l(iter)\ ist$$

Nach der Allgemeinen Relativitätstheorie gilt demnach:

$$E_{kin} = \frac{m}{c^2}$$

$$E_{pot} = \frac{c^2}{m}$$

$$\frac{m}{c^2} = \frac{c^2}{m} \supseteq \frac{m \times c^2}{c^2 \times m} = E_{kin} + E_{pot} = const.$$

Anmerkung:

Wenn die Existenz Gottes von der Existenz der Naturkonstanten abhängt, dann habe ich so eben die Existenz Gottes bewiesen.

Die Einfachheit von Theorien liegt darin, dass die verwendeten Veränderlichen (Variablen) in ihrer Aussage nur Allgemeines besitzen.

Naturkonstanten sollten daher allgemeine Bezeichnungen haben und keine willkürlichen Zahlen, denn diese zu erklären ist nahezu unmöglich, da selbst diese Werte sich in Bezug von Abhängigkeiten in Größe, Gewicht und Geschwindigkeit verändern können.

Die Gefahr von falschen Vorhersagen ist dann meistens auch gegeben.

Wenn jemand doch der Meinung sein sollte, eine Zahl als Naturkonstante einzuführen, dann nur, wenn diese auch bei veränderten Bedingungen eine unveränderliche Erhaltungsgröße besitzt, ohne dass dabei das Naturgesetz als solches zu falschen Vorhersagen führt bzw. das diese als Referenz für Maßeinheit und Messgeräten dient.

Meine Meinung dazu ist, einfach ausprobieren und dann wird es sich zeigen, ob eine Naturkonstante einen Zahlenwert benötigt oder nicht, denn innerhalb eines Naturgesetzes sind letztlich alle verwendeten Variablen (Veränderlichen) eine Naturkonstante, da diese zu jederzeit den sich veränderten Gegebenheiten und Erkenntnissen her anpassen lassen.

P.S.: Du bist tatsächlich noch dran. Warum? Hast du dir schon mal gefragt, ob du damit überhaupt etwas anfangen kannst und ob du es überhaupt im Alltag, im Beruf, im Studium oder in der Schule benötigst? Falls du dich jetzt fragst, warum ich die Werke so kurzhalte, nun um euch Leser und Leserinnen nicht zu überfordern. Bis ihr euch ein derartig differenziertes Bild gemacht habt, habe ich wahrscheinlich die Rente erreicht, denn für meinen normalen Beruf brauche ich das alles nicht zu wissen. Der Preis ist dahingehend gerechtfertigt, da ich bei 30% Tantiemen nur 0,34 Euro bekomme und bei 70% Tantiemen 2,34 Euro, obwohl ich mich schon seit fast 20 Jahren damit ausgiebig beschäftige und weiß, wie schwierig es ist, sich motiviert mit einer Sache zu beschäftigen. Aus diesem Grund habe ich auch an einer Einleitung verzichtet, denn das sinnlose Blabla kann ich mir sparen, da ich die Werke in erster Linie für mich schreibe und sonst für niemanden, da ich sowieso finanziell unabhängig vom Wohlgefallen der Leserschaft bin und das Ganze auch mal in Buchform, als Geschenk an mir selbst, zu haben. Folgende Werke habe ich als Quellen verwendet: „Mathematische Realität" von Alexander Unzicker, „Grundzüge der Relativitätstheorie" von Albert Einstein, „Formeln – Alles für Studium, Beruf und Schule" vom Tosa Verlag, Wien von 2003, und „Spezielle und Allgemeine Relativitätstheorie – für Physiker und Philosophen" von Jürgen Brandes und Jan Czerniawski, ansonsten solltet ihr euch niemals mit dem zufrieden geben, was andere schreiben und vermitteln wollen, denn nach meiner Erfahrung kann alles, auch was ich geschrieben habe, völlig anders sein.

Fortsetzung folgt

www.ingramcontent.com/pod-product-compliance
Lightning Source LLC
Chambersburg PA
CBHW040301220526
45473CB00002B/555